BIOLOGÍA

GENÉTICA Y BIOLOGÍA MOLECULAR

FISIOLOGÍA DEL CUERPO HUMANO

ÍNDICE

¿POR QUÉ NOS PARECEMOS A NUESTROS PADRES?:
De las leyes de Mendel al ADN I

- Johan Gregor Mendel nació en 1822 en una familia de campesinos de Moravia, que entonces era parte de Austria y ahora forma parte de la republica Checa. Comenzó sus experimentos con guisantes cuando tenía 34 años. Era habitual que los que cultivaban plantas hicieran cruces e hibridaciones; pero Mendel hizo un estudio preciso sobre algunos de los caracteres más distintivos de las plantas que cruzaba, haciendo un recuento para determinar cómo se transmitían a la descendencia y así fue como descubrió que se seguían siempre unas reglas o leyes sencillas. Entonces no se sabía nada del ADN ni los cromosomas, pero estos descubrimientos fueron fundamentales para el desarrollo de la genética; los resultados de Mendel eran un indicio de que cada rasgo distintivo de la descendencia se debía a un "factor" interno (hoy llamado "gen"), presente en las células ováricas y polínicas, y que la descendencia de un cruce producirá a su vez óvulos y polen con las dos formas en igual número de cierto "factor". En 1901 Garrod descubrió que la alcaptonuria, una rara enfermedad metabólica que ennegrece la orina, se daba con mayor frecuencia en familias endogámicas, afectando a los hijos de matrimonios entre primos hermanos. Esto se podía explicar por las leyes de Mendel, suponiendo que los primos tuviesen el mismo "gen" anormal, y que este era recesivo, y por lo tanto no se manifestaba en los padres pero podía hacerlo en algunos de los hijos. Sutton descubrió en 1903 que los cromosomas están emparejados y que uno procede del padre y el otro de la madre; el número de cromosomas que había en las células del esperma y en los óvulos era exactamente la mitad del normal en las demás células, y Sutton sugirió que en los cromosomas podía estar la base física de la ley mendeliana de la herencia. Se descubrió también que una pareja de cromosomas era diferente en machos y hembras. A estos dos tipos de cromosomas se les distingue llamando a uno X y al otro Y. Las hembras siempre tienen la pareja XX y los machos siempre tienen XY; se les llama por tanto cromosomas sexuales, y es lógico pensar que es el material genético de estos cromosomas el que determina los rasgos que diferencian a machos y hembras. Alrededor de 1910 ya se había determinado que había diferencia entre los cromosomas de machos y hembras. Primero se detectó que las hembras poseían una pareja del tipo al que se llamó X, mientras que los machos parecían tenerlo desemparejado, aunque posteriormente se descubrió en ellos el cromosoma Y, que es más pequeño. Hubo un tiempo en que se creyó que el ser humano tenía 48 cromosomas en cada una de sus células; los cromosomas solo se ven al microscopio, durante un tiempo breve antes de la división celular, pero la mayor parte del tiempo forman un revoltijo llamado cromatina. En 1956, con la mejora de las técnicas de observación microscópicas, los suecos Tijo y Levan comprobaron que en realidad eran 46 (23 parejas). Las células de la médula ósea, que fabrican los corpúsculos rojos y blancos de la sangre, son las que se dividen con mayor frecuencia, y por tanto son idóneas para observar los cromosomas. Se las somete a una droga que detiene el ciclo celular en la fase más propicia y a continuación se aplican colorantes que tiñen los cromosomas para poder observarlos (los cromosomas no son visibles al microscopio si no se usa la tinción; la palabra "cromosoma", "cuerpo de color" en griego, alude a que se observan coloreados debido a la tinción; el uso de tinciones es frecuente para hacer observaciones con microscopio; Santiago Ramón y Cajal también usó una tinción recién descubierta para observar las neuronas e hizo los primeros dibujos de ellas; las sustancias usadas para hacer visibles diferentes estructuras microscópicas, dependen de lo que se quiera observar, pues deben tener la estructura química adecuada para unirse a los objetos bajo estudio) .

Hacia 1910 Thomas Hunt Morgan empezó a estudiar la genética de la mosca del vinagre, ideal para este tipo de estudios porque cría varias veces al año produciendo cientos de descendientes. Pudo observar que algunas, a las que llamó "mutantes", exhibían rasgos anormales. Una de esas mutaciones o cambios consistía en tener los ojos blancos en vez de rojos, que era lo normal, de modo que el gen responsable de producir el pigmento rojo estaba roto o mutado. Se daba solo en machos y Morgan concluyó que el gen responsable se hallaba en el cromosoma X, puesto que carecen de un segundo cromosoma X que contenga un gen para el color de los ojos que compense al gen defectuoso. Después se descubrieron otras mutaciones también ligadas al sexo, que se heredaban juntas como un grupo, lo que sugería que iban juntas en el mismo cromosoma. Pero entonces se observó que al pasar de una generación a otra había pares de mutaciones que se separaban a veces. Esto podía deberse a que los dos miembros de un par de cromosomas intercambiaban material genético entre sí. Al microscopio se observa que antes de la división celular, los cromosomas de las células germinales están enroscados unos con otros y en ese momento tal vez podrían intercambiar material genético, dando lugar a una recombinación. Un estudiante de Morgan, A. H. Sturtevant descubrió que había pares de mutaciones que se separaban más frecuentemente que otras y llegó a la conclusión de que unos genes estaban próximos y otros más separados, de modo que estos estudios podían servir para determinar el orden de los diferentes genes en el cromosoma e ir elaborando así un "mapa" genético. Con el tiempo se fueron desarrollando otros métodos que han hecho posible cartografiar la totalidad del genoma. En los seres humanos la hemofilia y la distrofia muscular son también enfermedades ligadas al sexo. El cromosoma X de los que padecen distrofia muscular carece frecuentemente de algunos fragmentos. Las personas con síndrome de Down tienen tres cromosomas "21" en lugar de dos, como es habitual. Pero la mayoría de enfermedades que pueden deberse a causas genéticas no consisten en la fractura de un cromosoma, sino quizá en la alteración de solo una o dos letras del código genético, lo que hace mucho más difícil la identificación de los genes responsables.

- **Las leyes de Mendel**
- 1- Ley de la uniformidad de la primera generación filial
- 2- Ley de la segregación de los caracteres en la segunda generación filial

Mendel cruzó plantas que diferían en un solo carácter (semillas rugosas o lisas): todas las plantas de la primera generación tenían semillas lisas, (carácter dominante de uno los padres). Cruzó plantas de esta primera generación por autofecundazión: un 75% tenian semillas lisas y un 25% rugosas. Dedujo que los caracteres dependían de unos factores (llamados hoy genes) que se transmitían sin mezclarse. La explicación es la siguiente: Cada progenitor porta un factor para determinada característica y su progenie heredará ambos, pero uno de ellos es dominante y el otro recesivo, y el dominante será el que se manifestará externamente. Llamemos "A" al factor que origina el carácter dominante, que da lugar a semillas lisas en este caso, y "a" al que da lugar a semillas rugosas. Todos los guisantes de la primera generación contendrán el par "Aa", pero externamente se manifestará en todos "A", que es el dominante. Pero al cruzarlos en la segunda generación hay tres posibilidades: "AA", "Aa", "aa"; es decir 1/3 de ellos heredarán el "A" de cada progenitor, 1/3 heredará el "A" de uno y el "a" del otro, y 1/3 heredará el "a" de ambos progenitores; los que tengan "AA" tendrán sin duda semillas lisas, los que tengan "Aa" también tendrán semillas lisas porque "A" es dominante, pero los que tengan "aa" tendrán semillas rugosas. Las plantas lisas de la segunda generación no tendrían por qué ser iguales; 1/3 serían homozigotos y darían por autofecundación solo plantas lisas. 2/3 serían heterozigotos y por autofecundación darían una segregación.

- Por otra parte, si se cruzaba una planta de la primera generación con el padre homozigoto recesivo (Aa x aa), la descendencia de este cruce (retrógrado) daría ½ Aa y ½ aa, lo que comprobó experimentalmente. Sentó así las bases de la genética.

- **¿POR QUÉ NOS PARECEMOS A NUESTROS PADRES?:**
  De las leyes de Mendel al ADN II
  - **Moléculas orgánicas**

Cuando se usaron los métodos de la química para analizar las sustancias que forman parte de los organismos vivos, vegetales o animales, se descubrió que eran mucho más complejas que las de la materia inanimada. Una característica común de estas sustancias es la presencia del carbono (cuando se quema materia orgánica, vegetal o animal, se carboniza, es decir, queda carbono como residuo de la combustión). El químico alemán Friedrich Kekulé definió, en 1861, la química orgánica (o química de la materia viva), simplemente como la química de los compuestos de carbono, aunque es cierto que algunos compuestos, que también contienen carbono, se consideran inorgánicos (carbonato cálcico y dióxido de carbono, por ejemplo). El conocimiento de la estructura atómica, y el avance de las técnicas de análisis químico, permitió ir descifrando la estructura de moléculas cada vez más complejas. El carbono tiene una valencia de 4, es decir la estructura de la última capa del átomo de carbono le permite enlazar con otros cuatro átomos. Esto le hace idóneo para formar largas cadenas. Para comprender el funcionamiento y las propiedades químicas de las moléculas, es importante saber, no solo el número de átomos de cada elemento que las compone, sino también la manera en que están dispuestos u organizados, la geometría de la molécula, por decirlo así. Para esto se introdujeron lo que se conoce como fórmulas estructurales; el químico escocés Archibald Scout Couper (1831-1892) sugirió representar la manera en que se enlazan los átomos en la molécula por medio de pequeños trazos. Las fórmulas químicas normales, o fórmulas estequiométricas, indican los átomos presentes en una molécula y el número de cada uno de ellos. Al enfrentarse al estudio de moléculas más complejas, resultó muy útil representarlas esquemáticamente, usando unos guiones para simbolizar los enlaces de unos átomos con otros, indicando así la forma en que están dispuestos en la molécula.

- Este fue el primer paso, pero al descubrirse sustancias con los mismos átomos componentes pero diferentes propiedades químicas, se comprendió que esto podría deberse a que las moléculas son tridimensionales, y por tanto hay más posibilidades de orientación y organización. Una molécula puede contener exactamente los mismos átomos que otra, pero colocados de maneras diferentes en el espacio tridimensional, lo que explica la diferencia en las propiedades químicas.
- ¿A qué se debe que el carbono sea tan fundamental para la formación de las moléculas que componen la materia viva?. El átomo de carbono tiene cuatro electrones en su última capa, justo la mitad de ocho, que constituirían una capa completa; de modo que no tiene ni demasiados, ni demasiado pocos. Esto lo hace idóneo para formar largas cadenas, pudiendo ser así lo que podríamos llamar la "columna vertebral" de las grandes moléculas que forman la materia viva. Puede formar simultáneamente cuatro enlaces químicos; si tuviera menos electrones exteriores podría formar menos enlaces; si tuviera más, a su capa externa le faltaría muy poco para estar llena, y su

tendencia sería a llenar los pocos "huecos" disponibles. Cuatro está en el término medio para otorgar al carbono una capacidad máxima de enlace con otros elementos, incluyendo la posibilidad de formar enlaces con otros átomos de carbono. Incluso los átomos también pueden enlazarse formando anillos además de cadenas, posibilidad ésta que fue sugerida por Kekulé, para explicar las propiedades del benceno (anillo de benceno). El silicio, que está más adelante en la tabla periódica también tiene cuatro electrones en la última capa, pero contiene más capas llenas entre el núcleo del átomo y la parte exterior; debido a eso la influencia del núcleo en los electrones exteriores es más débil y los enlaces que estos pueden formar no son tan fuertes como en el caso del carbono.

- La teoría cuántica aún podía hacer más por ayudar a comprender las propiedades químicas y la estructura de los compuestos. En la antigua teoría cuántica los diferentes niveles energéticos que se manifestaban en las diferentes líneas del espectro emitido por el átomo, se fueron explicando como consecuencia de la forma de las órbitas, que podían ser elípticas además de circulares. El electrón en una órbita elíptica tendría una energía distinta. Habiendo más formas disponibles se podía dar cuenta de las líneas adicionales que aparecían en los espectros. Ya vimos que la concepción más moderna de la teoría cuántica arrojó más luz sobre el asunto, explicando los posibles estados energéticos del electrón, como una consecuencia lógica del tipo de leyes matemáticas que imperan en el mundo subatómico, en las que hay que tener en cuenta el principio de incertidumbre y donde apareció el concepto de ondas de probabilidad. En 1931 Linus Pauling utilizó la teoría cuántica y consiguió explicar el enlace químico, haciendo incluso cálculos sobre la fuerza de los enlaces que concordaban con los resultados experimentales. Recordamos que aunque Heisenberg no utilizó el concepto de "órbita" del electrón en su teoría matricial (se interesó solo en los resultados numéricos y las reglas algebraicas que los relacionaban), Schrödinger desarrolló el concepto de De Broglie de órbitas ondulatorias, y después se descubrió la equivalencia matemática entre los dos esquemas. Podemos hablar de orbitales atómicos y usar sus posibles estructuras permitidas por las reglas cuánticas, para calcular la energía de los enlaces atómicos; Pauling descubrió que las reglas cuánticas permiten la existencia de las llamadas "resonancias", estados energéticos que son una especie de combinación híbrida de los estados separados, y pueden crear enlaces más fuertes, al reforzarse las "ondas" por "resonancia". Debido a que la teoría cuántica calcula probabilidades, los estados "en resonancia" deben aparecer en los cálculos y, como hemos dicho los resultados concuerdan con los valores que se derivan de los experimentos. Así la teoría cuántica permite entender el enlace atómico y es un valioso instrumento para determinar la estructura de las moléculas.

- Primero se fueron descifrando las estructuras moleculares de las sustancias orgánicas más simples y se fue avanzando y acometiendo el estudio de moléculas cada vez más complejas, como los polímeros, polipéptidos, enzimas, proteínas y ácidos nucleicos.
- Los métodos son muy variados; por un lado están las técnicas de análisis químico, los resultados de reacciones conocidas hace tiempo, la electrólisis (separación de sustancias por medio de la corriente eléctrica), el uso del centrifugado que separa los átomos de diferente peso, la cromatografíía (diferentes sustancias son separadas al reaccionar con un tipo de papel), la electroforesis, que consigue algo parecido... etc. Por otro lado están los conocimientos de teoría cuántica que permiten determinar la forma de los orbitales atómicos, y por tanto saber cómo se pueden enlazar unos átomos con otros. Además está el examen con rayos X: el estudio de la difracción de rayos X al atravesar los átomos de una molécula permite deducir como están organizados los átomos. La espectroscopia, cuya importancia en el estudio del átomo ya hemos considerado, también juega un papel importante, ya que también cada molécula emite su espectro característico. Los resultados de todos estos métodos permiten construir modelos tridimensionales de la estructura de las moléculas de las diversas sustancias. Actualmente se cuenta con aparatos que emplean un fenómeno conocido como resonancia magnética

nuclear, muy útil para conocer la estructura interna de la materia.

- A partir de ahí, la biología molecular ha descubierto muchas cosas sobre los complejos organismos de los seres vivos. Un enigma que ha intrigado durante mucho tiempo, es el asunto de la diferenciación celular. ¿Cómo es posible que de una sola célula original se origine un organismo completo con tantas clases de células diferentes?. Cada célula tiene una estructura distinta, que la hace idónea para el papel que tiene que desempeñar en el organismo. Aunque las primeras células que se forman de la original, por un proceso de división denominado mitosis, son muy semejantes, a medida que el embrión crece las nuevas células van siendo diferentes y se van especializando; hoy se sabe que la producción de estructuras diferentes dentro de una célula, como proteínas y enzimas especializadas, se debe a que no todos los genes, o secuencias de ADN codificantes, están activas al mismo tiempo; en cada fase del desarrollo se activan solo aquellas secuencias que construyen las moléculas que se requieren en cada momento, y eso va afectando a la estructura de las células que se construyen en cada etapa y todo va ocurriendo en el orden correcto, como si obedeciera a un programa. A su vez parece que las células se reconocen entre ellas, por medio de sus membranas celulares, y eso puede dar lugar a que las del mismo tipo se coloquen juntas, y además lo hagan en los lugares adecuados con relación a otras, para formar órganos y sistemas. También parece haber evidencia de que las células se comunican entre ellas por medio de mensajeros químicos, de modo que todo el organismo funciona como una unidad de complejidad impresionante.

- El organismo emplea diversos medios para conseguir la activación selectiva de los genes. Por ejemplo, algunos genes se desactivan porque ciertas sustancias químicas se sitúan encima de ellos o en sus proximidades, porque su estructura química encaja en la secuencia de ADN como la llave en una cerradura; al situarse allí los bloquean o desactivan. En cambio hay diversas enzimas cuyo diseño las hace idóneas para cortar el ADN por determinadas secciones, funcionando como si fueran unas tijeras químicas. La secuencia de ADN que se requiere en esa fase es copiada por un complejo molecular específico que puede permanecer anclado mientras se efectúa el copiado, a otra secuencia próxima al gen llamada "promotor". A continuación el ARNm (ARN [ácido ribonucleico] mensajero) copia la secuencia y la lleva fuera del núcleo celular. Entonces otro tipo de ARN, el ARNt (ARN de transferencia), transporta aminoácidos a una estructura que se encuentra en el citoplasma, el ribosoma, donde los aminoácidos (de unas veinte clases distintas) se van ensamblando en el orden que dicta la secuencia de ADN seleccionada. El orden es fundamental porque es el que determina la molécula que se va a construir (como por ejemplo una determinada proteína), y con unos veinte aminoácidos diferentes el número de ordenaciones posibles es enorme, pudiendo originar toda la variedad de moléculas con funciones muy específicas que constituyen el organismo.

Aunque todo el proceso es muy complejo, y por eso todavía hace falta mucha investigación, no cabe duda de que el asunto es hoy mucho menos enigmático de lo que era hace años.

EL CUERPO HUMANO Y SU ASOMBROSA COORDINACIÓN

El cerebro está conectado por una red de nervios con el resto del organismo; hay terminaciones nerviosas que se insertan en los músculos. Otros nervios conectan el cerebro con los diferentes órganos de los sentidos. La extirpación o lesiones de determinadas áreas del cerebro, y también la estimulación eléctrica, han contribuido a determinar de manera general qué áreas del cerebro se encargan de cada función. Actualmente las técnicas más avanzadas de neuroimagen, permiten una observación directa de las partes que se activan al realizar diferentes funciones. Se ha comprobado que hay funciones localizadas en ciertas zonas, pero también parece cierta la idea holística de que hay cooperación a gran escala de todo el cerebro.

La electricidad atmosférica provocaba movimientos en las ancas de rana, en los experimentos de Galvani, cuando éste estudiaba los fenómenos eléctricos; hoy se sabe que el impulso nervioso que se transmite de neurona a neurona es de naturaleza electroquímica. El cerebro es, por decirlo así, el centro de control del organismo. Las neuronas (células del sistema nervioso) se comunican enviándose impulsos electroquímicos. El cerebro contiene unos 100.000 millones de neuronas, que pueden establecer unos 100 billones de conexiones. Es un órgano sumamente activo, que consume un 20 % de la energía del cuerpo. La forma de las neuronas fue descubierta por Ramón y Cajal, observándolas al microscopio, y aplicando un tinte celular que se había desarrollado recientemente. Las neuronas tienen un conjunto de ramificaciones, llamadas dendritas, que reciben el impulso nervioso de otras neuronas, y una ramificación más larga, llamada axón, por el que transmiten el impulso nervioso. Entre las neuronas, hay un continuo relampagueo electroquímico que viaja a unos 300 km por hora. La separación entre las terminaciones de una neurona y otra es de unas dos millonésimas de cm, y se llama sinapsis. Algunas neuronas forman hasta 100.000 sinapsis con sus vecinas. Cuando la señal eléctrica llega al extremo de una neurona provoca que se viertan en la sinapsis unas sustancias químicas llamadas neurotransmisores. Si un número suficiente de neurotransmisores se unen a los receptores adecuados de la neurona contigua, esta capta la señal.

En los pliegues de las neuronas se ocultan otro tipo de células llamadas glías. Hay unas diez por neurona y sirven para formar una especie de armazón inteligente (su nombre se deriva de la palabra para "pegar"). Sin embargo, su función no debe ser solo la de formar un soporte celular, pues de hecho también se envían impulsos entre sí. Cada día se pierden entre 30.000 y 50.000 neuronas. Por tanto a los 65 años, una persona habrá perdido la décima parte de las neuronas que tenía en su juventud adulta. Los comportamientos controlados por las neuronas que se pierden deberían resentirse, a no ser que haya otras neuronas que se sigan encargando de ellos. Con los años se reduce también la cantidad de neurotransmisores en las neuronas que controlan el movimiento y el sueño. En las regiones asociadas a la enfermedad de Parkinson desaparecen las moléculas receptoras de los neurotransmisores; algunas vías de neurotransmisor, como la colinérgica, también se debilitan y se pierde memoria. Sin embargo muchas personas conservan bastante bien sus facultades, incluso a edad avanzada. Las conexiones neuronales no son inmutables. A algunas neuronas les salen nuevos axones o dendritas más largas cuando dejan de funcionar bien las de sus vecinas. Hay investigadores que piensan que en realidad puede que haya un aumento en la densidad de sinapsis con el paso de los años, pues las neuronas pueden cambiar sus asociaciones sinápticas por otras sanas. Podría existir una capacidad de adaptación o "plasticidad neuronal". Por otro lado hay casos muy curiosos, como el de niños con retraso mental que sin embargo tienen una capacidad extraordinaria para el cálculo rápido u otras actividades mentales complejas. Aunque no se sabe la explicación, esto podría indicar que el deterioro de alguna región cerebral tal vez origine una mayor actividad en otras neuronas. El tallo cerebral es la parte de la médula espinal que entra por abajo en el cerebro; controla la respiración y los latidos del corazón. Contiene también el sistema activador reticular que regula el dormir y el despertar, así como el locus coeruleus, un grupo oblongo de células que están conectadas con áreas mucho más arriba en el cerebro, y que dispara una rápida señal que alerta a los centros superiores siempre que algo nos alarma o excita. Puede que tenga que ver con nuestro despertar, al interaccionar con determinados neurotransmisores para producir la vigilia. Aunque el tallo cerebral pierde pocas neuronas con la edad, a partir de los 65 años el 45 % de las células del locus mueren; no se sabe con certeza, pero eso podría estar relacionado con la pérdida del sueño en la edad avanzada. Un poco más arriba y hacia un lado se encuentra el cerebelo; en él están las fibras de Purkinje, que son de las estructuras más complejas del cerebro, pues una sola de ellas puede comunicarse simultáneamente con otras docenas de miles y con los centros superiores del cerebro. Mediante ellas el cerebelo procesa la información de los músculos, las articulaciones y los tendones y coordina nuestros movimientos. Tal vez el cerebelo limite algunas funciones mientras se realizan otras. Por encima del cerebelo se encuentra el diencéfalo, la capa más interna del cerebro, dominada por el hipotálamo. El tamaño del hipotálamo es aproximadamente como el de la uña del dedo pulgar, pero sus funciones son muchas e importantes.

Regula la presión sanguínea y la temperatura del cuerpo y controla el apetito. También tiene que ver con las emociones; si se estimula desde afuera se originan sentimientos como miedo o cólera; se comunica constantemente con la hipófisis, que es la glándula que regula las hormonas, y con otro órgano diminuto, la glándula pineal, que contiene una especie de reloj interno que es sensible a la luz. Justo encima está el tálamo, que recibe y controla las señales procedentes de los sentidos. Cuando recibe, por ejemplo, las señales procedentes de los ojos las distribuye hacia las áreas del cerebro que se encargan de procesarlas. De igual manera controla la facultad auditiva, el olfato y los sentidos en general, de modo que es por medio de él que el cerebro interacciona con el mundo exterior. Más arriba encontramos el sistema límbico, que también tiene mucho que ver con las emociones así como con la capacidad de aprender. Si se aplica un electrodo del grosor de una aguja a determinada área del sistema límbico de un animal mostrará cólera, pero si se aplica en otra área mostrará alegría, y en otra miedo. También se ha hecho a veces con seres humanos y los resultados han sido semejantes. El sistema límbico está asociado al hipocampo (o caballito de mar). Este órgano ha sido relacionado con la capacidad de transferir recuerdos desde la memoria a corto plazo a la memoria a largo plazo; puede que haya un vínculo neuronal entre las emociones y los recuerdos. Y ya rodeando el sistema límbico está la "gigantesca" estructura del cerebro propiamente dicho, que está dividido en dos hemisferios, cada uno dividido a su vez en regiones específicas. Está cubierto por una envoltura, el córtex, que solo tiene un espesor de unas 2 décimas de mm, pero contiene casi el 70 % de las neuronas del sistema nervioso central.

Si lo desplegáramos abarcaría una superficie de unos 14 dm2. Aunque parece uniforme, al microscopio se asemeja a una maraña de espinos, con regiones increíblemente especializadas. El córtex parece ser la parte del cerebro que nos hace más específicamente humanos y nos diferencia de los animales, nos permite realizar actividades artísticas, preocuparnos por el origen de la vida y cosas así. Las áreas visuales están en el córtex occipital, las auditivas en el lóbulo temporal, y las motrices en el córtex frontal; el córtex prefrontal está asociado a varios tipos de memoria. A lo largo de la vida se pierden aproximadamente un 25 % de las fibras de Purkinje del cerebelo, lo que debe afectar a la capacidad para ejecutar movimientos precisos y en sucesión rápida. En cambio el diencéfalo, que está solo a millonésimas de cm, no resulta tan afectado por la edad, y no se sabe por qué. A los 30 años empiezan a morir varias regiones del hipocampo, y en la vejez se habrán perdido un 30 % de sus neuronas, lo que tal vez se relacione con la pérdida de memoria y la capacidad de aprender. Vamos a considerar ahora como controla el sistema nervioso las actividades motrices del cuerpo, tanto las voluntarias, que nos permiten realizar cosas que deseamos o necesitamos, como las involuntarias, que son esenciales para el funcionamiento correcto del organismo.

LOS MÚSCULOS

Hay varias clases de tejido muscular; el tejido muscular liso se encuentra en los órganos que se ocupan de los procesos vasculares, gastrointestinales y reproductivos; se encuentra, por ejemplo, en las paredes internas del estómago, el útero, los vasos sanguíneos y los intestinos.

El tejido muscular cardiaco (del corazón), comparte con el tejido muscular liso mencionado, la capacidad de control involuntario, es decir, funcionan sin que intervenga nuestra voluntad consciente, gracias a la interacción de un conjunto especializado de nervios. El tejido muscular esquelético, en cambio, forma los músculos que se encargan de los movimientos voluntarios. Está conectado a los huesos mediante ligamentos y tendones (los movimientos reflejos se deben a nervios que salen de un músculo y dan la vuelta y retornan a él). Los músculos están formados por células cilíndricas (miofibras), que tienen muchos núcleos en su citoplasma, y que varían en tamaño: las hay tan pequeñas que cabrían cientos de ellas en la cabeza de un alfiler, pero otras son enormes a escala celular pues miden casi treinta cm. Los músculos se contraen cuando reciben el impulso electroquímico adecuado de los nervios que se insertan en ellos. Las proteínas contráctiles que contienen, invierten su polaridad al recibir el impulso eléctrico, y se colocan en fila para ejercer su fuerza en conjunto y producir la contracción. La energía necesaria para realizar esta función se genera en las mitocondrias de las células al reaccionar los nutrientes del alimento con el oxígeno que obtenemos al respirar. Las moléculas deben pasar más allá unas de otras, de modo que realizan un trabajo, y necesitan por tanto la energía que se genera en esas estructuras del interior de las células. Hay músculos de sacudida rápida, que ejercen fuerza, y otros de sacudida lenta que desempeñan diversas funciones. Con el paso de los años las miofibras van muriendo y son sustituidas por tejido conectivo y después por grasa.

Como se pierden proteínas contráctiles disminuye la capacidad de ejercer fuerza.

LOS HUESOS Y LAS ARTICULACIONES

En la edad avanzada, la creación y destrucción de hueso ya no están tan bien compensadas como en la juventud y aumenta la desmineralización, de modo que los huesos se hacen más frágiles. Las células encargadas de hacer cierto tipo de cartílago van dejandode funcionar y por tanto la flexibilidad disminuye. La nutrición sanguínea también es peor, y las mitocondrias no generan suficiente energía; las células y los tejidos mueren, y hay moléculas que al detectar inactividad van destruyendo el tejido muscular, que por tanto se convierte en tejido conectivo y grasa. De modo que el sistema nervioso contrae o relaja los músculos para controlar así los movimientos; los músculos están conectados a los huesos, que por su dureza y resistencia constituyen el armazón del cuerpo. El tejido óseo se regenera continuamente. Hay unas células llamadas osteoclastos que demuelen, pero otras llamadas osteoblastos, que depositan sales de calcio, reconstruyen el tejido, de manera que los huesos se regeneran cada siete años. Se componen de un 45 % de minerales (sobre todo calcio), un 30 % de tejido blando (células y vasos sanguíneos), y un 25 % de agua. Pueden ser largos y compactos (como los de los muslos y los brazos), cortos y esponjosos (por ejemplo, los de las muñecas y los tobillos), y planos (como en el cráneo y las costillas, con material esponjoso entre ellos); algunos también tienen curiosas formas irregulares, tanto esponjosos como compactos.

Las articulaciones son las regiones donde unos huesos se encuentran con otros. Las llamadas "diartrósicas" se mueven libremente como en las rodillas y los hombros; además están las anfiartrósicas, que solo se mueven un poco, por ejemplo en los discos que hay entre los huesos de la columna vertebral; las sinartrósicas no se mueven (por ejemplo en el cráneo las placas están unidas por un tejido conectivo que no se mueve). El tejido de las articulaciones forma ligamentos, tendones y cartílago; además hay células que segregan un fluido en algunas áreas entre los huesos, el líquido senovial. Los ligamentos son fibras cilíndricas que conectan un hueso con otro. El tejido conectivo que los forma consiste en células que crean un relleno extracelular con proteínas de colágeno y elastina. Los tendones son cuerdas de tejido conectivo que unen el hueso a un músculo. Están hechos de colágeno y elastina. Algunos, como los de la muñeca y el tobillo están rodeados por un tejido conectivo fibroso muy robusto, o vainas tendinosas; entre tendón y vaina hay líquido senovial y gracias a esto pueden deslizarse con facilidad, y la vaina impide que se salgan del sitio. En la mayoría de los huesos de las articulaciones móviles hay una sustancia, el cartílago articular, que recubre los extremos de los huesos para reducir la fricción y erosión; hay células que lo segregan continuamente creando capas nuevas a medida que se desgastan las viejas. Los huesos pueden soportar presiones de hasta 1700 kg por cm2, cuatro veces más que el hormigón. Su fuerza y flexibilidad maravillan a los ingenieros. Con los años disminuye la regeneración de colágeno y elastina y por tanto disminuye la eficiencia de ligamentos, tendones y cartílago articular. También se reduce la regeneración ósea, pues se destruye más de lo que se construye. La osteoporosis afecta más a las mujeres, quizá por la pérdida de estrógenos.

EL APARATO DIGESTIVO

Como ya hemos comentado la energía necesaria para que el cuerpo desarrolle todas sus funciones proviene de unas diminutas estructuras que se encuentran en el interior de las células: las mitocondrias; en ellas se combinan los nutrientes del alimento con oxígeno y se produce una reacción química que genera energía. Pero, ¿cómo llegan los nutrientes y el oxígeno a las mitocondrias?. Los alimentos que tomamos están formados por diversas estructuras químicas, como hidratos de carbono (o carbohidratos) y grasas, y otras sustancias. Los carbohidratos y grasas de un pastel, por ejemplo, se trituran en la boca y se mezclan con la saliva, para formar una pasta; es la primera fase de la digestión química; la saliva contiene moléculas que protegen la boca de las infecciones bacterianas, y lubrica, disuelve y arrastra las partículas de comida, facilitando también que el sabor llegue a las papilas gustativas. A continuación la comida ya triturada y lubricada pasa de la boca al estómago a través del esófago. En el esófago hay unos músculos reflejos que ayudan a que pase la comida a su través en dirección al estómago. Este proceso se denomina peristaltismo, y gracias a él la comida puede avanzar incluso estando tumbados. Entra en el estómago por el esfínter esofágico, un estrechamiento que deja pasar el alimento y entonces se cierra evitando así que los ácidos del estómago salgan; cuando no funciona bien parte de ellos llega a la garganta y sufrimos acidez. El jugo gástrico es una mezcla de proteínas, hormonas, mucosidad y ácidos fuertes. La mezcla se remueve en el estómago hasta que la pasta recibida del esófago se convierte en una papilla fluida llamada quimo, que ya puede pasar al intestino. El interior del intestino delgado contiene numerosos cilios que ejecutan un movimiento de vaivén. De esta manera hay una amplia superficie que está en contacto con el quimo el tiempo necesario para ir absorbiendo los nutrientes a medida que este avanza. Simultáneamente otros órganos, como el páncreas y el hígado, segregan sustancias que realizan otras funciones útiles. La bilis amarilla del hígado emulsiona la grasa y además activa unas moléculas del mismo intestino que devoran grasa. Así se forman unas moléculas que, por su tamaño, pueden ser absorbidas con facilidad. La bilis que no se usa se almacena en la vesícula biliar. El páncreas derrama una sustancia que contiene bicarbonato sódico y neutraliza los ácidos que han llegado del estómago, y también una mezcla de moléculas que rompen los azúcares y las proteínas, y también las grasas, ayudando a la bilis. Así todas las moléculas importantes son extraídas del alimento. Las células de las vellosidades internas del intestino son sustituidas cada tres, cuatro o cinco días, aún en la vejez. Al envejecer, las glándulas parótidas segregan menos saliva, por lo que se tiene menos protección de infección bucal y se pierde sentido del gusto, y la sequedad dificulta el habla y la masticación. Con los años, aunque en general el aparato digestivo sigue funcionando bien, los músculos que se encargan de remover, pierden algo de eficacia y disminuye la cantidad de componentes del ácido gástrico y de las moléculas de pepsina, que se usa para descomponer las proteínas. Como consecuencia la digestión puede ser algo más difícil. Se pierde la capacidad de absorber algunas moléculas del quimo, como por ejemplo el calcio; tal vez esto se deba a la ausencia de vitamina D, la sustancia que extrae el calcio. Quizá la pérdida del llamado "factor intrínseco" que segrega normalmente el estómago, impide que se absorba del quimo vitamina B12, que es importante para producir energía, así como para formar las células rojas de la sangre y ciertos neurotransmisores.

EL APARATO RESPIRATORIO

Por otra parte el oxígeno entra en el cuerpo gracias al aparato respiratorio. Por debajo de los pulmones hay un músculo llamado diafragma que se expande creando un vacío; otros músculos intervienen también; automáticamente el aire que nos rodea tiende a llenar ese vacío y así se introduce en nuestro cuerpo. El diafragma vuelve a su posición original gracias al retroceso elástico, y así vuelve a empezar el ciclo. El aire entra por la tráquea y llega por unas ramificaciones, los bronquios y los bronquiolos, a los alvéolos pulmonares, que son como unas bolsas de membrana fina que contienen muchos capilares, en los que tiene lugar continuamente el intercambio de gases. Actúan como si fueran unas puertas giratorias, que permiten la entrada de oxígeno mientras expulsan el dióxido de carbono o anhídrido carbónico. Si se extendiera el conjunto de ramificaciones que hay en los pulmones tendría el tamaño de una pista de tenis. Así se dispone de una gran superficie para recibir oxígeno. La pérdida de colágeno y elastina afecta al retroceso elástico y también se pierden con la edad alvéolos por lo que la capacidad de oxigenar se resiente. Ya tenemos nutrientes digeridos y oxígeno en el interior del cuerpo; ¿cómo se consigue que lleguen ahora a cada célula del organismo?. El encargado de esto es el aparato circulatorio.

EL APARATO CIRCULATORIO

En el interior del corazón hay cuatro cavidades, dos aurículas arriba y dos ventrículos debajo. En las cavidades izquierdas entra y sale la sangre desoxigenada y en las derechas la oxigenada. Contienen válvulas para conducir la sangre en una sola dirección. En la superficie del corazón un conjunto complejo de nervios se encargan de que este continúe latiendo. La aorta es la arteria que conecta el corazón con todo el resto del sistema de arterias, arteriolas y capilares. La sangre sale por la aorta con oxígeno para distribuirlo por todo el cuerpo. El hueco interior de las arterias se llama lumen y está revestido por tres capas: la túnica íntima, la túnica media y la túnica adventicia, hecha principalmente de colágeno y elastina, las mismas proteínas que hay en la piel. Eso las hace elásticas para que se puedan dilatar o ensanchar y después volver a su posición. Las venas son el conjunto de vasos que llevan de vuelta a los pulmones la sangre ya desoxigenada y los desechos (dióxido de carbono) del proceso de producción de energía celular. Tienen las mismas capas de tejido pero su elasticidad es menor que la de las arterias y no son tan fuertes, ya que cuando la sangre llega a las venas ha perdido gran parte de su presión. Las venas tienen en su interior unas válvulas que impiden que la sangre retroceda hacia abajo en camino inverso; cuando funcionan mal se originan las varices. Fue en el siglo XVII cuando William Harvey midió la sangre que manaba de su corazón en una hora y descubrió que equivalía a tres veces el peso de su cuerpo. Era evidente que para triplicar el peso de su cuerpo debía estar midiendo repetidas veces la misma sangre; así descubrió que la misma sangre se reciclaba en un circuito cerrado.

La eficacia del sistema circulatorio se calibra midiendo lo que se llama el "gasto cardiaco", que se obtiene multiplicando el volumen sistólico, que es la cantidad de sangre impulsada por el ventrículo izquierdo y la aorta hacia el cuerpo, por el pulso, que es el número de latidos por unidad de tiempo (gasto cardiaco =

volumen X pulso). Cuando envejecemos crece la pared del ventrículo y pierde elasticidad; como consecuencia disminuye el volumen sistólico y por tanto el gasto cardiaco, de modo que los tejidos reciben menos oxígeno; además las arterias se vuelven más rígidas y sus tejidos más gruesos, por cambios en el colágeno y los depósitos de calcio. En su interior disminuye el diámetro por la acumulación de moléculas de colesterol, triglicéridos y lipoproteínas, y ofrecen más resistencia al paso de la sangre. El corazón humano tiene el tamaño aproximado de un puño cerrado, pero la ballena azul, el mayor animal de la Tierra tiene un corazón de media tonelada.

SISTEMA NERVIOSO Y ORGANISMO

Para ejecutar todas sus funciones las células y las diferentes partes del organismo necesitan energía y materiales, para funcionar y para construir estructuras y renovarse; todo esto se obtiene por medio del aparato digestivo, el aparato respiratorio y el aparato circulatorio; el aparato digestivo descompone el alimento que tomamos, para prepararlo para que pueda ser llevado a cada célula; el aparato respiratorio introduce oxígeno en el cuerpo, al mismo tiempo que expulsa el anhídrido carbónico que se genera en las reacciones químicas que se realizan en el cuerpo; el aparato circulatorio transporta tanto los nutrientes como el oxígeno a cada célula; además, junto con el sistema linfático, en él se encuentran estructuras y células encargadas de eliminar sustancias y organismos ajenos al cuerpo, que podrían estorbar su comportamiento y funcionamiento adecuados, causando enfermedades, formando el sistema inmunitario o sistema inmune; los alimentos entran por nuestra boca donde se empieza a efectuar ya su transformación; son triturados por los dientes y muelas, y las glándulas salivares vierten sustancias que empiezan a descomponerlos, formando un bolo alimenticio que pasa por la faringe al tubo del esófago, que los transporta directamente al estómago; el interior del tubo esofágico contiene unas estructuras musculares que con sus movimientos ayudan a que los alimentos ingeridos lleguen al estómago, en un proceso llamado peristaltismo, haciendo posible que lleguen incluso si estamos tumbados; el hígado produce bilis que se almacena en la vesícula biliar; es una sustancia ácida con la potencia química necesaria para descomponer los alimentos; el páncreas produce otras sustancias que también tienen el mismo propósito; en el estómago se preparan de esta manera los nutrientes ingeridos para dejarlos en un estado en el que pueden pasar a los intestinos; los intestinos están muy replegados, de forma que todo el recorrido desde la boca hasta el lugar donde las sustancias desechadas se expulsan, es de unos 11 metros de largo; en el intestino grueso y después en el delgado, cuyas diversas partes reciben nombres distintos como duodeno, yeyuno, íleon y finalmente el recto, los alimentos son sometidos a un movimiento de vaivén por unas vellosidades que abundan en el interior de los tubos intestinales, de modo que así se van absorbiendo todos los nutrientes, y las sustancias no utilizables o de desecho se expulsan finalmente al exterior; los nutrientes pueden entrar por las paredes permeables o semipermeables de los vasos del aparato circulatorio; debajo de los pulmones hay un estructura muscular, el diafragma, que retrocede creando un vacío, y esto provoca que el aire del exterior entre por la nariz y por las fosas nasales y a través de la tráquea llegue a los pulmones; estos contienen numerosas ramificaciones con una especie de receptáculos o bolsas para recoger el aire, los bronquios y los bronquiolos; los alvéolos pulmonares son como unas puertas giratorias que dirigen el oxígeno hacia el interior y el anhídrido carbónico hacia el exterior; el oxígeno también llega a los vasos del aparato circulatorio, y tanto los nutrientes como el oxígeno son llevados por el torrente sanguíneo hasta los vasos más pequeños, los capilares, y finalmente llegarán a las células de todos los tejidos; para ello el corazón bombea continuamente para que la sangre circule, en unos movimientos rítmicos llamados sístole y diástole, originados por impulsos nerviosos controlados por el cerebro y el sistema nervioso; en las células se utilizan los materiales de los nutrientes, tanto para construir estructuras moleculares necesarias, como para obtener energía por medio de reacciones químicas con el oxígeno, que son auténticas combustiones, aunque a un nivel muy pequeño, pero que generan la energía necesaria; las reacciones que se producen pueden aprovechar la energía de los enlaces químicos de los reactivos que al descomponerse resultando en otros productos, liberaran una parte de su energía, para mover los componentes celulares para que realicen sus funciones; los productos de desecho son recogidos y transportados por las venas para su expulsión o eliminación; el sistema nervioso controla y regula todos los procesos internos del organismo; cuando se requieren movimientos determinados puede enviar impulsos eléctricos a través de los nervios; estos tendrán un efecto en las proteínas contráctiles de los tejidos musculares, cambiando su polaridad de modo que se acercarán por atracción eléctrica causando la contracción del músculo, o el proceso inverso si se requiere relajación del músculo; el esqueleto forma una estructura rígida que sirve de soporte al cuerpo, conteniendo sus células una alta proporción de los minerales necesarios, como el calcio; además en su interior, en la médula ósea, se generan nuevos componentes sanguíneos para renovación; los glóbulos rojos tienen la estructura adecuada para que se adhieran a ellos los átomos de oxígeno para llevarlos a las células; también hay una regeneración continúa de tejido óseo; hay unas células, osteoclastos y osteoblastos, que producen nuevo material óseo y eliminan el antiguo; los aparatos reproductivos, femenino y masculino, generan por meiósis, un tipo de división celular distinta a la mitosis, que garantiza que contengan la mitad de cromosomas, las células reproductivas, para que al unirse y formar el zigoto que será el origen del embrión, este tenga la cantidad correcta de cromosomas, aportando la mitad cada progenitor; además en la meiósis hay una recombinación del ADN, de forma que cada cromosoma en la descendencia tendrá una mezcla de material genético de ambos progenitores. Durante el desarrollo del embrión muchas células se autoeliminan pasado un tiempo; el proceso se llama "apoptosis" (de una palabra griega que aludía a la caída otoñal de las hojas); esto parece indicar que desempeñan un papel determinado en una fase del desarrollo, y una vez que lo han cumplido, parecen estar programadas para eliminarse; la apoptosis ocurre también en el organismo adulto, cuando las células no reciben los "factores de crecimiento" adecuados, y quizá esto asegure que las células especializadas se coloquen en el lugar correcto, de modo que si no lo están desaparezcan.